上海市工程建设规范

住宅工程质量潜在缺陷风险管理标准

Risk management standard of inherent defects insurance for residential projects

DG/TJ 08—2346—2020
J 15645—2021

主编单位：上海建科工程咨询有限公司
　　　　　上海市建设工程安全质量监督总站
　　　　　同济大学城市风险管理研究院
批准部门：上海市住房和城乡建设管理委员会
施行日期：2021 年 5 月 1 日

同济大学出版社

2021　上海

图书在版编目(CIP)数据

住宅工程质量潜在缺陷风险管理标准/上海建科工程咨询有限公司,上海市建设工程安全质量监督总站,同济大学城市风险管理研究院主编.—上海:同济大学出版社,2021.6
ISBN 978-7-5608-9130-9

Ⅰ.①住… Ⅱ.①上…②上…③同 Ⅲ.①住宅-工程质量-风险管理-中国 Ⅳ.①TU712.5

中国版本图书馆 CIP 数据核字(2021)第 117014 号

住宅工程质量潜在缺陷风险管理标准

上海建科工程咨询有限公司
上海市建设工程安全质量监督总站　主编
同济大学城市风险管理研究院

策划编辑	张平官
责任编辑	朱　勇
责任校对	徐春莲
封面设计	陈益平

出版发行　同济大学出版社　　www.tongjipress.com.cn
　　　　　(地址:上海市四平路1239号　邮编:200092　电话:021-65985622)

经　　销	全国各地新华书店
印　　刷	浦江求真印务有限公司
开　　本	889mm×1194mm　1/32
印　　张	2.125
字　　数	57 000
版　　次	2021年6月第1版　2021年6月第1次印刷
书　　号	ISBN 978-7-5608-9130-9
定　　价	20.00元

本书若有印装质量问题,请向本社发行部调换　　版权所有　侵权必究

上海市住房和城乡建设管理委员会文件

沪建标定〔2020〕674号

上海市住房和城乡建设管理委员会
关于批准《住宅工程质量潜在缺陷风险管理标准》
为上海市工程建设规范的通知

各有关单位：

　　由上海建科工程咨询有限公司、上海市建设工程安全质量监督总站、同济大学城市风险管理研究院主编的《住宅工程质量潜在缺陷风险管理标准》，经我委审核，现批准为上海市工程建设规范，统一编号为 DG/TJ 08—2346—2020，自2021年5月1日起实施。

　　本规范由上海市住房和城乡建设管理委员会负责管理，上海建科工程咨询有限公司负责解释。

　　特此通知。

上海市住房和城乡建设管理委员会
二〇二〇年十一月二十日

前　言

根据上海市住房和城乡建设管理委员会《关于印发〈2018年上海市工程建设规范、建筑标准设计编制计划〉的通知》（沪建标定〔2017〕898号）的要求，由上海建科工程咨询有限公司、上海市建设工程安全质量监督总站、同济大学城市风险管理研究院会同相关单位，共同编制上海市工程建设规范《住宅工程质量潜在缺陷风险管理标准》。

本标准主要内容包括：总则；术语；基本规定；风险管理工作内容及工作要求；风险管理工作方法和工作流程；附录。

各单位及相关人员在执行本标准过程中，如有意见和建议，请反馈至上海市住房和城乡建设管理委员会（地址：上海市大沽路100号；邮编：200003；E-mail：shjsbzgl@163.com），上海建科工程咨询有限公司（地址：上海市宛平南路75号；邮编：200032；E-mail：tis@jkec.com.cn），上海市建筑建材业市场管理总站（地址：上海市小木桥路683号；邮编：200032；E-mail：shgcbz@163.com），以供今后修订时参考。

主 编 单 位：上海建科工程咨询有限公司
　　　　　　　　上海市建设工程安全质量监督总站
　　　　　　　　同济大学城市风险管理研究院
参 编 单 位：中国太平洋财产保险股份有限公司
　　　　　　　　中国平安财产保险股份有限公司上海分公司
　　　　　　　　中国人民财产保险股份有限公司上海市分公司
　　　　　　　　中国财产再保险有限责任公司
　　　　　　　　上海市建设工程咨询行业协会

主要起草人员： 金磊铭　黄忠辉　周红波　孙建平　陈　怡
　　　　　　　陈冶冰　顾德兴　冯永强　庄国方　顾勤华
　　　　　　　张　辉　魏园方　衷振兴　任思亮　王　颖
　　　　　　　高书文　崔立琪　张常庆　武景林　王小兵
　　　　　　　樊　莹　刘海洋　陈　韧　徐华俊　孙志富
　　　　　　　李金芳　李其俊　姜　水　孔思超　常建芳
　　　　　　　代建林　罗安丹　任　斌　叶赝慈　王忠曜
　　　　　　　翁育峰　方　京　董　力　徐逢治　于巍东
　　　　　　　沈　斌　马海骋
主要审查人员： 马华明　钟才根　王晓鸿　唐飞凤　梁　静
　　　　　　　梁　捷　陈蔚松

上海市建筑建材业市场管理总站

目　次

1 总　则 ·· 1
2 术　语 ·· 2
3 基本规定 ·· 3
　3.1 工程质量潜在缺陷保险范围及期限 ······················· 3
　3.2 风险管理机构工作范围 ····································· 4
　3.3 风险管理机构工作要求及工作依据 ······················· 4
　3.4 风险管理机构职责及权利 ·································· 5
　3.5 质量风险等级评价 ·· 6
4 风险管理工作内容及工作要求 ································· 9
　4.1 准备阶段 ··· 9
　4.2 实施阶段 ·· 11
　4.3 竣工及回访阶段 ··· 12
5 风险管理工作方法及工作流程 ································ 14
　5.1 工作方法 ·· 14
　5.2 工作流程 ·· 14
附录 A　初步风险分析报告 ··· 19
附录 B　质量风险检查报告 ··· 24
附录 C　质量风险最终检查报告 ····································· 28
附录 D　质量风险回访检查报告 ····································· 35
附录 E　风险管理机构功能试验检测项 ···························· 38
本标准用词说明 ··· 40
引用标准名录 ·· 41
条文说明 ··· 43

Contents

1 General provisions ·· 1
2 Terms ··· 2
3 Basic provisions ·· 3
   3.1 Scope and period of IDI ································· 3
   3.2 Objective and scope of TIS ······························ 4
   3.3 Basic requirements and working basis of TIS ········ 4
   3.4 Duties and rights of TIS ································· 5
   3.5 Risk assessment ·· 6
4 Contents and requirements of risk management ··········· 9
   4.1 Pre-construction stage ···································· 9
   4.2 Construction stage ·· 11
   4.3 Stage of completion and review ························ 12
5 Risk management methodology and workflow ············· 14
   5.1 Working methods ··· 14
   5.2 Workflow ··· 14
Appendix A Preliminary risk analysis report ················ 19
Appendix B Inspection report on process quality risk ······ 24
Appendix C Final inspection report on quality risk ········· 28
Appendix D Inspection report on quality risk review ······ 35
Appendix E Items of functional testing by TIS ·············· 38
Explanation of wording in this standard ······················· 40
List of quoted standards ··· 41
Explanation of provisions ·· 43

1 总 则

1.0.1 为规范本市住宅工程质量潜在缺陷风险管理工作,提升本市住宅工程整体质量水平,制定本标准。

1.0.2 本标准适用于本市已投保质量潜在缺陷保险的住宅工程质量风险管理,包括新建、改建、扩建的商品住宅和保障性住宅。

1.0.3 住宅工程质量潜在缺陷风险管理,除应符合本标准外,尚应符合国家、行业和本市现行有关标准的规定。

2 术 语

2.0.1 住宅工程质量潜在缺陷 inherent defects of residential project quality

因勘察、设计、材料和施工等原因造成的建筑工程质量不符合工程建设强制性标准以及合同约定，并在正常使用过程中暴露出的质量缺陷。

2.0.2 住宅工程质量潜在缺陷保险 inherent defects insurance of residential project(简称 IDI)

由住宅工程的建设单位投保的，保险公司根据保险条款约定，对在保险范围和保险期限内出现的由于住宅工程质量潜在缺陷所导致的被保险住宅工程损坏，履行赔偿义务的保险。

2.0.3 风险管理 risk management

通过风险辨识、风险分析、风险评估等风险管理技术，提出风险控制建议的技术服务。

2.0.4 风险管理机构 technical inspection service(简称 TIS)

受保险公司委托，根据被保险住宅工程的保险条款约定，对被保险住宅工程的质量潜在缺陷风险实施辨识、分析、评估、报告，提出处理建议，并最终对保险公司承担合同责任的机构。

3 基本规定

3.1 工程质量潜在缺陷保险范围及期限

3.1.1 住宅工程质量潜在缺陷保险的基本承保范围和期限应符合表 3.1.1-1 及表 3.1.1-2 的规定。

表 3.1.1-1 地基基础工程和主体结构工程的承保范围及期限

承保范围	出现的问题或类型	承保期限
地基基础工程和主体结构工程	整体或局部倒塌	十年
	地基基础产生超出设计规范允许的不均匀沉降	
	阳台、雨棚、挑檐等悬挑构件和外墙面坍塌(含脱落)或出现影响安全使用的结构裂缝、破损、断裂	
	国家和本市法律、法规、规章和工程建设强制性标准规定的其他情形	

表 3.1.1-2 保温和防水工程的承保范围及期限

承保范围	出现的问题或类型	承保期限
保温工程和防水工程	围护结构的保温工程	五年
	屋面防水工程	
	有防水要求的卫生间、房间和门窗、外墙面的防水工程	

3.1.2 住宅工程质量潜在缺陷保险的附加险和保险期限应符合表 3.1.2 的规定。

表 3.1.2 住宅工程质量潜在缺陷保险的附加险和保险期限

承保范围	出现的问题或类型	承保期限
装修工程	包括全装修和非全装修,墙面、顶棚抹灰层工程等其他分项工程	两年
安装工程	电气管线(强电、弱电)、给排水管道、设备安装工程	
	供热与供冷系统工程	

3.1.3 住宅工程质量潜在缺陷保险的保险期限应从工程竣工备案两年后起算。建设工程在竣工备案后两年内出现质量缺陷,应由施工承包单位维修。

3.2 风险管理机构工作范围

3.2.1 风险管理机构的工作范围应与保险公司承保的建设工程质量潜在缺陷保险的保单责任范围一致。

3.2.2 风险管理机构应根据与保险公司签订的委托协议内容,开展项目勘察、设计、施工、调试、验收和回访全过程的质量风险管理。

3.3 风险管理机构工作要求及工作依据

3.3.1 风险管理机构应具备独立性,不得与该工程参建单位存有关联关系,并不得直接或间接参与该工程的勘察、设计、施工、监理、材料供应等工作。

3.3.2 实施风险管理工作前,保险公司应将委托的风险管理机构名称、风险管理工作范围、工作内容以及风险管理项目负责人姓名等信息书面通知建设单位。

3.3.3 风险管理机构及其风险管理团队应遵守国家现行法律法规,并遵守职业道德和相关保密制度,客观、专业地开展风险管理服务。

3.3.4 风险管理机构开展风险管理工作的依据应包括：

1 国家、行业和本市现行建筑工程法律法规、技术标准和规范。

2 本市工程质量潜在缺陷保险法律法规和技术标准。

3 建设单位在本市已投保质量潜在缺陷保险的建筑工程质量潜在缺陷保险合同及保险条款。

4 保险公司与风险管理机构签订的风险管理合同及授权委托书。

5 本市已投保质量潜在缺陷保险的项目的勘察设计文件、施工方案等技术资料。

3.4 风险管理机构职责及权利

3.4.1 风险管理机构应为独立对外承担民事赔偿责任的主体，并应满足上海市行政主管部门相关规定。

3.4.2 经保险公司授权，风险管理机构根据工作需要进入施工现场开展风险管理工作，并查阅工程勘察设计文件、施工、监理等与工程质量有关的文件。

3.4.3 风险管理机构应及时将检查发现的质量缺陷、缺陷处理意见等信息整理汇总，并应编写检查报告提交保险公司。

3.4.4 保险公司应将风险管理机构提供的检查报告交建设单位，并应由建设单位组织落实整改，风险管理机构应对整改情况进行跟踪记录。

3.4.5 风险管理机构应根据本市已投保质量潜在缺陷保险的项目规模、项目特点，建立满足项目风险管理需求的风险管理团队，并在项目质量风险管理工作计划及风险管理合同中予以明确。

3.4.6 风险管理团队应包括风险管理机构技术负责人、风险管理项目负责人、风险管理专家、风险管理工程师及其他辅助人员。

3.4.7 风险管理机构技术负责人主要职责应包括：

1 审批质量风险管理工作计划。

2 监督质量风险管理工作计划的履行。

3 审批风险分析报告。

3.4.8 风险管理项目负责人主要职责包括：

1 确定风险管理团队组织结构、人员分工和岗位职责。

2 主持编制质量风险管理工作计划，审核风险分析报告。

3 审批质量风险问题清单。

4 参加质量风险管理交底会。

5 组织过程质量风险检查工作。

6 落实质量风险管理工作计划的履行。

3.4.9 风险管理专家主要职责应包括：

1 审查风险评估和风险控制措施。

2 参与编写质量风险管理工作计划、质量风险问题清单及风险分析报告。

3 指导项目风险管理团队开展检查工作。

3.4.10 风险管理工程师配备应符合保险各项责任要求。其主要职责应包括：

1 参与编制质量风险管理工作计划。

2 参加质量风险管理交底会。

3 参加过程质量风险检查工作。

4 组织编制质量风险问题清单及风险分析报告。

5 记录质量风险检查工作实施情况。

6 收集、汇总工程技术文件和工程信息归档。

3.4.11 辅助人员主要职责应包括：

1 参加过程质量风险检查工作。

2 进行见证功能性试验。

3 跟踪并记录质量缺陷整改的落实情况。

3.5　质量风险等级评价

3.5.1 在整个项目的风险管理过程中，风险管理机构应依据工程质量相关法律法规和工程建设标准,判断单一质量缺陷的风险等级。对于主体结构、防水、保温等阶段风险评估,应综合风险事件发生概率和出险造成的损失进行风险评价。

3.5.2 工程质量潜在缺陷风险按照严重程度,应分为正常技术风险、轻微技术风险、中等技术风险、严重技术风险及技术风险保留五类。技术风险等级应符合表 3.5.2-1 的规定,风险等级评估应符合表 3.5.2-2 的规定。

表 3.5.2-1 技术风险等级

技术风险等级分类	技术风险等级
正常技术风险	不影响结构安全、使用安全的质量缺陷
轻微技术风险	轻微影响结构安全、使用安全,或发生概率低,可能造成轻微财产损失的质量缺陷
中等技术风险	影响结构安全、使用安全,可能造成一定的财产损失的质量缺陷
严重技术风险	严重影响建筑物结构安全、使用安全,或事故频率高,可能造成严重的财产损失或产生恶劣的社会影响
技术风险保留	在检查过程中未能查见相关资料以证明其为正常技术风险,将该类风险判定为"技术风险保留",需有进一步的资料证明其实际风险等级

表 3.5.2-2 风险等级评估矩阵

风险		损失等级			
		$C<10$ 万元	10 万元$\leqslant C<100$ 万元	100 万元$\leqslant C<500$ 万元	$C\geqslant 500$ 万元
概率等级	$P<0.1\%$	正常风险	轻微风险	轻微风险	轻微风险
	$0.1\%\leqslant P<1\%$	轻微风险	轻微风险	中等风险	中等风险
	$1\%\leqslant P<10\%$	轻微风险	中等风险	中等风险	严重风险
	$P\geqslant 10\%$	中等风险	中等风险	严重风险	严重风险

3.5.3 风险事件发生的概率描述及等级标准应符合表 3.5.3 的规定。

表 3.5.3 风险发生概率等级标准

等级	4级(4)	3级(3)	2级(2)	1级(1)
概率描述	不太可能	偶尔	可能	非常可能
区间概率	$P<0.1\%$	$0.1\%\leqslant P<1\%$	$1\%\leqslant P<10\%$	$P\geqslant 10\%$

3.5.4 风险事件可能引发出险损失及等级标准应符合表 3.5.4 的规定。

表 3.5.4 风险事件造成的出险损失等级标准

等级	轻微(D)	一般(C)	中等(B)	严重(A)
损失描述	$C<10$ 万元	10 万元$\leqslant C<100$ 万元	100 万元$\leqslant C<500$ 万元	$C\geqslant 500$ 万元

3.5.5 风险接受准则与风险等级的划分应对应，不同风险等级的接受准则应符合表 3.5.5 的规定。

表 3.5.5 不同风险等级接受准则

等级	接受准则	控制对策
严重风险	完全不可接受	立即整改，排除风险
中等风险	不可接受	立即采取整改和控制措施
轻微风险	允许在一定条件下发生	建议整改，对其进行监控并避免风险升级
正常风险	可接受	保持当前的风险水平和状态
技术保留	待进一步验证	待进一步验证

4 风险管理工作内容及工作要求

4.1 准备阶段

4.1.1 在准备阶段,风险管理机构应对本市已投保质量潜在缺陷保险的项目的质量风险进行初步评估,并编写初步风险分析报告、设计质量风险分析报告。

4.1.2 在质量风险管理交底会召开前,风险管理机构应编制质量风险管理工作计划,并提交保险公司审核。

4.1.3 在质量风险管理交底会上,风险管理机构应向项目参建各方就项目质量风险管理工作进行交底。

4.1.4 工程质量风险初步评估应符合以下规定:

 1 风险管理机构应在保险公司协调下,收集项目工程建设资料,包括勘察设计文件、施工方案、主要参建单位信息等,并应进行现场踏勘。

 2 风险管理机构应对本市已投保质量潜在缺陷保险的项目已暴露的质量风险及未来可能发生的质量风险进行识别和评估,并应出具初步风险分析报告,报告内容及格式可参照本标准附录 A。

 3 初步风险分析报告应包含对施工技术资料的风险评价、对主要参建方的组织管理风险评价、对场地环境风险评价、涉及质量风险的关键施工工序的提示以及对施工过程可能出现的质量风险预警等。

4.1.5 设计质量风险评估应符合以下规定:

 1 风险管理机构应依据保险责任范围及合同要求,并在遵循现行规范标准的前提下,针对本市已投保质量潜在缺陷保险的项目的勘察设计文件进行设计专项风险评估,识别设计技术风险并提出设计风险修改建议。

  2 对设计技术风险有争议时,风险管理机构可通过专家评审等程序,增强设计质量风险分析报告的公正性和权威性。

  3 风险管理机构应结合工程质量潜在缺陷保险范围,针对十年期的地基基础和主体结构、五年期的防水和保温工程以及两年期的安装和装饰工程,出具相关设计质量风险分析报告。

4.1.6 质量风险管理工作计划编制应符合以下规定:

  1 风险管理合同签订后,风险管理机构应根据保险范围及合同要求,收集相关工程资料,结合项目特点编制质量风险管理工作计划。

  2 风险管理机构项目负责人应主持编制质量风险管理工作计划。

  3 质量风险管理工作计划应由风险管理机构技术负责人批准后提交保险公司。

  4 质量风险管理工作计划内容应符合表 4.1.6 的规定。

表 4.1.6 质量风险管理工作计划基本内容

名称	基本内容
质量风险管理工作计划	项目名称、地址、施工节点、结构类型、建筑面积、参建单位等基本信息
	项目风险管理团队成员信息
	风险管理检查范围、检查内容、检查方法、检查频次安排、检测设备信息及使用情况等
	过程中需重点控制的节点、工序、阶段和部位
	拟出具的报告或形成的成果文件
	需要建设单位和保险公司协调配合的相关事项等

4.1.7 风险管理交底会应由保险公司组织风险管理机构、建设单位及其他参建单位召开。

4.1.8 风险管理机构在交底会上，应对工程中存在的质量风险点、过程中质量检查方式以及参建各方需配合事项等进行告知，并应形成风险管理交底会议纪要。

4.2 实施阶段

4.2.1 在施工过程阶段，风险管理机构应依据项目质量风险管理工作计划对项目工程质量展开风险检查，出具质量风险问题清单及质量风险检查报告，并对质量缺陷的整改情况进行跟踪和记录。

4.2.2 风险管理机构应根据合同要求，对本市已投保质量潜在缺陷保险的项目进行定期、不定期的质量风险检查。施工过程中的检查频率不宜低于平均每月 2 次，对于质量风险等级高的专项工程，应有针对性地安排专项检查，增加检查频次。

4.2.3 风险管理机构应根据表 3.1.1-1、表 3.1.1-2 和表 3.1.2 的规定，对本市已投保质量潜在缺陷保险的项目进行质量风险检查。

4.2.4 风险管理机构应对下列部位和专项工程质量风险进行分析，并在报告中进行描述：

1 可能产生稳定性风险的地基与基础。
2 采用无梁楼盖形式的地下室。
3 装配式建筑专项工程。
4 外墙外保温系统。
5 暖通工程。
6 裂缝。
7 渗漏。
8 其他。

4.2.5 风险管理机构在每次检查结束后，应及时填写质量风险问题清单。

4.2.6 质量风险问题清单应由风险管理项目负责人批准，并提交保险公司及其指定单位。

4.2.7 风险管理机构应对质量缺陷整改情况进行跟踪及评价,其追踪过程应符合以下规定:

 1 风险管理机构应对检查中发现的质量缺陷进行跟踪,记录相关处理情况。

 2 如参建单位拒不整改或整改不力,风险管理机构应对质量缺陷的处理过程和处理结果进行记录。

 3 对于存在争议的工程质量缺陷,保险公司与建设单位可委托双方共同认可的第三方工程质量鉴定机构进行鉴定后处理。争议沟通过程及处理结果应由风险管理机构记录并归档。

4.2.8 风险管理机构应根据检查情况编制质量风险检查报告,并提交保险公司及其指定单位。

4.2.9 质量风险检查报告应包括检查范围、检查情况描述、检查发现的质量缺陷及潜在风险分析提示、风险问题的处理建议、遗留风险问题的追踪及评价,报告内容及格式可参照本标准附录B。

4.2.10 风险管理机构应根据保险范围,汇总各施工阶段的质量检查情况及整改情况,对各阶段承保风险进行评估,并出具阶段质量风险检查报告。

4.2.11 阶段质量风险检查报告应包括场地条件、基础阶段质量风险检查报告,主体结构阶段质量风险检查报告,建筑外墙阶段质量风险检查报告,防水及保温工程阶段质量风险检查报告,安装工程阶段质量风险检查报告,装饰工程阶段质量风险检查报告共6类。

4.3 竣工及回访阶段

4.3.1 工程完工后,风险管理机构应将项目从施工准备阶段至完工整个过程的质量检查情况、质量缺陷追踪情况进行汇总评价,形成质量风险最终检查报告并提交保险公司。

4.3.2 质量风险最终检查报告的内容应包括：检查情况汇总、质量缺陷风险整改及销项汇总（整个过程中所有质量缺陷的整改情况及其效果评价）、未销项问题（拒不整改或整改不力的）汇总及可能存在隐患的说明、工程质量情况的总体评价等。报告内容及格式可参照本标准附录C。

4.3.3 在保险理赔责任生效前，风险管理机构应对本市已投保质量潜在缺陷保险的项目质量情况进行实地回访检查至少一次，并应在保险理赔责任生效前三个月提交质量风险回访检查报告。

4.3.4 质量风险回访检查报告的内容宜包括竣工时遗留质量缺陷的跟踪、对已暴露的质量缺陷汇总、目前的质量缺陷是否得到妥善解决等，内容及格式可参照本标准附录D执行。

4.3.5 回访检查可采用现场公共区域实体检查、仪器检测、用户问卷调查及调阅物业维修记录、沉降观测记录等方法。

5 风险管理工作方法及工作流程

5.1 工作方法

5.1.1 风险管理机构在施工现场的检查以抽查为主,具体检查内容应符合表5.1.1的规定。

表5.1.1 风险管理机构在施工现场的检查内容

内容	具体要求
工序检查	施工方法应符合设计文件、标准规范和施工方案的要求,工序的实施和验收应合规
实体质量检查	抽查工程实体质量,包括结构强度及装饰的外观等
资料检查	查阅设计文件和施工方案,抽查施工过程中的质量控制文件和记录
功能性试验	见证或查阅防水工程的蓄水、淋水试验以及管道的压力试验等资料,必要时,自行检测

注:功能试验检测项以及风险管理机构参与方式可参照本标准附录E。

5.1.2 风险管理机构宜采用红外技术、无人机、无损检测等技术手段,开展风险管理工作。

5.2 工作流程

5.2.1 风险管理工作总流程应符合图5.2.1的规定。

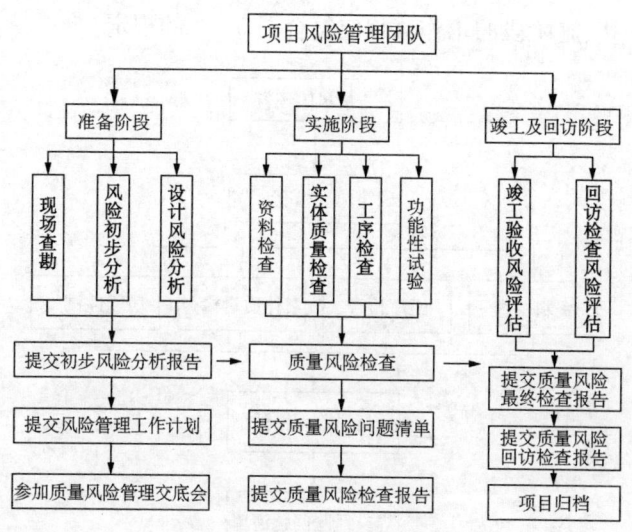

图 5.2.1 风险管理总流程

5.2.2 准备阶段的工作流程应符合图 5.2.2 的规定。

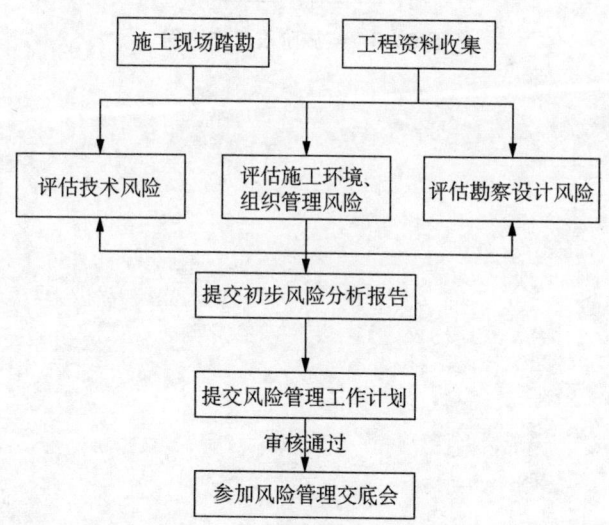

图 5.2.2 准备阶段工作流程

5.2.3 实施阶段的工作流程应符合图 5.2.3 的规定。

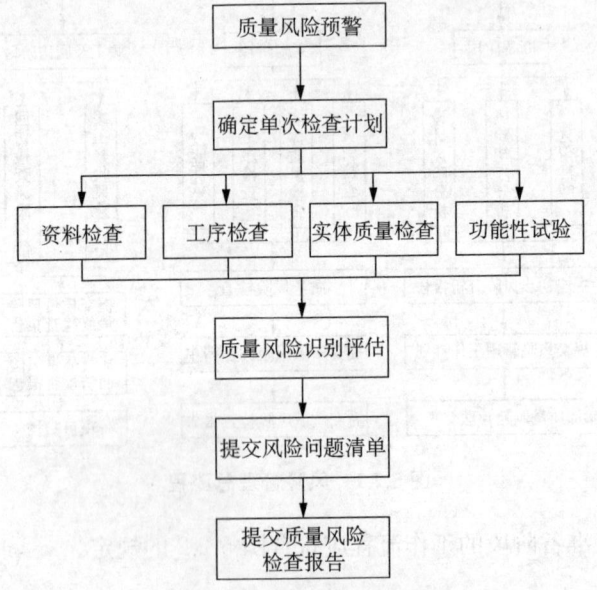

图 5.2.3 实施阶段工作流程

5.2.4 风险追踪工作流程宜符合图 5.2.4 的规定。

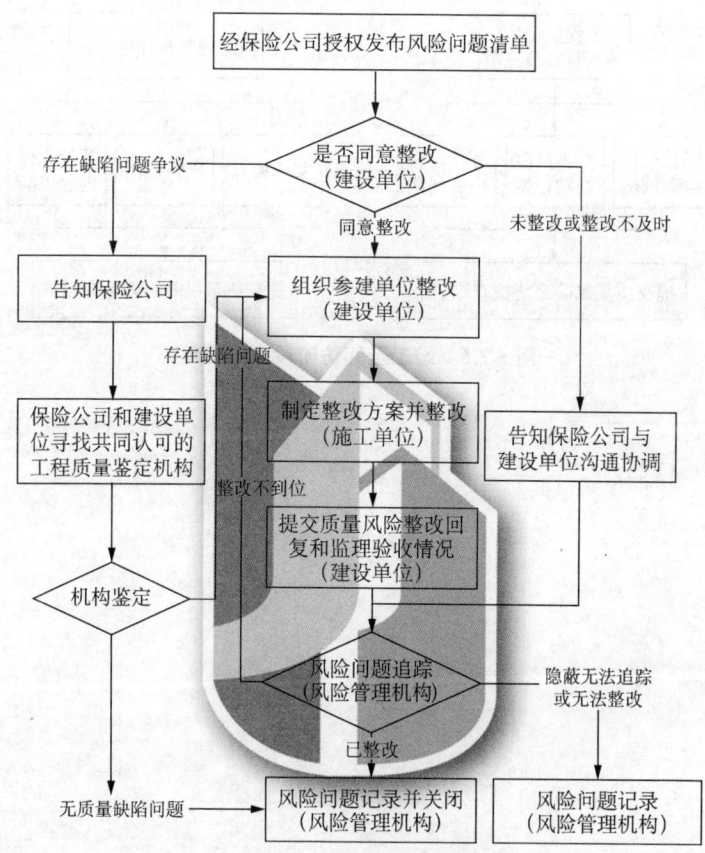

图 5.2.4 风险追踪工作流程

5.2.5 竣工及回访阶段的工作流程应符合图 5.2.5 的规定。

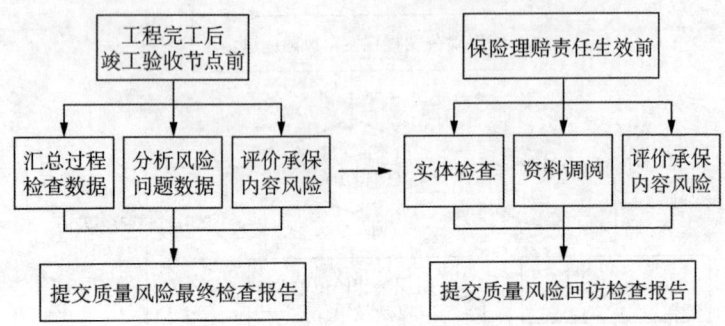

图 5.2.5 竣工及回访阶段工作流程

附录 A 初步风险分析报告

表 A 初步风险分析报告

项目基本信息			
项目名称			
项目地点			
建设单位		施工总承包单位	
勘察单位		监理单位	
设计单位		保险公司	
工程概况			
形象进度			
平面图			
工程阶段（复选）	□准备 □地基与基础 □主体 □安装 □装饰 □竣工		
检查方法（复选）	□工序检查 □实体质量检查 □资料检查 □功能性试验		
评估依据			
检查日期			
检查人员			
姓名	岗位	专业	学历/学位

续表A

本次检查涉及保险范围
项目建筑类型及技术特点(包括项目结构类型、设计标准、荷载信息、使用的材料、防水和保温工程做法,以及是否采用新技术、新材料、新工艺等)
出具本报告时已经收到的重要技术文件
需补充的技术文件

续表A

风险初步识别分析
相关各方资质风险分析
岩土工程勘察质量风险分析
设计方案质量风险分析
施工方案质量风险分析

续表A

现场检查情况汇总		
质量风险问题汇总		
技术建议		
编制人	审核人	审批人
姓名： 日期：	姓名： 日期：	姓名： 日期： 公司签章：

续表A

附图

附录 B 质量风险检查报告

表 B 质量风险检查报告

项目基本信息			
项目名称			
项目地点			
建设单位		施工总承包单位	
勘察单位		监理单位	
设计单位		保险公司	
工程概况			
形象进度			
平面图			
工程阶段（复选）	□准备 □地基与基础 □主体 □安装 □装饰 □竣工		
检查方法（复选）	□工序检查 □实体质量检查 □资料检查 □功能性试验		
评估依据			
检查日期			
检查人员			
姓名	岗位	专业	学历/学位

续表B

本次检查涉及保险范围
施工进度情况
前期风险追踪
已整改风险汇总
未整改风险汇总

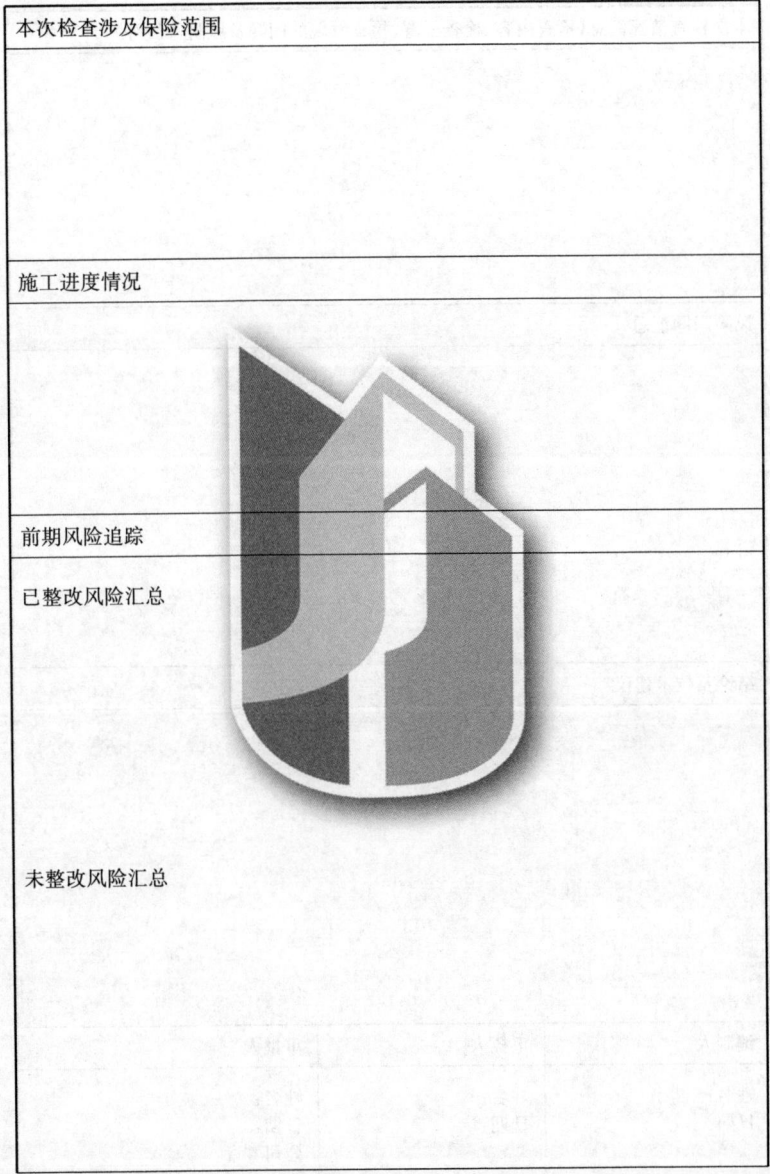

续表B

本次检查情况汇总（检查内容、检查位置、检查发现的问题及风险等级等）
风险问题汇总
结论及技术建议

编制人	审核人	审批人
姓名： 日期：	姓名： 日期：	姓名： 日期： 公司签章：

续表B

附图

附录 C 质量风险最终检查报告

表 C 质量风险最终检查报告

项目基本信息			
项目名称			
项目地点			
建设单位		施工总承包单位	
勘察单位		监理单位	
设计单位		保险公司	
委托日期		终查日期	
项目验收日期	计划：		
	实际：		
工程概况			
平面图			
检查方法（复选）	□工序检查　□实体质量检查　□资料检查　□功能性试验		
评估依据			
检查日期			
检查人员			
姓名	岗位	专业	学历/学位

续表C

本次检查涉及保险范围
出具的质量风险检查报告清单
实施的检查清单
实施的检验试验清单

续表C

已整改风险汇总
十年保险期限
五年保险期限
两年保险期限

续表C

未整改风险汇总
十年保险期限
五年保险期限
两年保险期限

续表C

竣工检查情况汇总
十年保险期限
包括资料检查、工序检查、实体检查及必要的功能性试验或检测
五年保险期限
包括资料检查、工序检查、实体检查及必要的功能性试验或检测
两年保险期限
包括资料检查、实体检查及必要的功能性试验或检测

续表C

风险问题汇总		
十年期保险责任		
五年期保险责任		
两年期保险责任		
风险检查结论及建议		
编制人	审核人	审批人
姓名： 日期：	姓名： 日期：	姓名： 日期： 公司签章：

续表C

附图

附录 D 质量风险回访检查报告

表 D 质量风险回访检查报告

项目基本信息			
项目名称			
项目地点			
建设单位		施工总承包单位	
勘察单位		监理单位	
设计单位		保险公司	
工程概况			
检查方法（复选）	□工序检查 □实体质量检查 □资料检查 □功能性试验		
评估依据			
回访检查日期			
检查人员			
姓名	岗位	专业	学历/学位

续表D

回访检查情况描述(包括回访次数、检查情况描述及物业记录查阅等)
回访检查问题汇总
未整改回访检查问题
回访检查结论

编制人	审核人	审批人
姓名： 日期：	姓名： 日期：	姓名： 日期： 公司签章：

续表D

附图

附录 E 风险管理机构功能试验检测项

表 E 风险管理机构功能试验检测项及参与方式

序号	类别	功能试验检测项	参与方式
1	地基基础	桩基静载试验	查阅资料
2		桩基小应变试验	查阅资料
3		地基验槽	查阅资料
4		建筑物沉降观测测量	查阅资料
5	主体结构	构件尺寸	自行检测
6		混凝土实体强度	自行检测
7		建筑物垂直度、标高、全高测量	查阅资料
8		构件生产厂建筑用砂及现场混凝土氯离子含量检测	自行检测
9	防水工程	屋面蓄水	见证/查阅资料
10		地下室渗漏检测	自行检测
11		有防水要求的地面蓄水	见证/查阅资料
12	装饰装修	外窗"三性"试验	查阅资料
13		幕墙"四性"试验	查阅资料
14		外墙保温现场拉拔试验	见证/查阅资料
15		外墙淋水试验	见证/查阅资料
16	给排水及供暖	给水、消防、燃气管道强度试验和严密性试验	查阅资料
17		给水系统的冲洗消毒记录	查阅资料
18		雨水、排水立管通球试验	查阅资料
19		卫生器具满水试验	查阅资料
20	通风与空调	通风、空调系统试运行	查阅资料
21		风量、温度测试	查阅资料

续表E

序号	类别	功能试验检测项	参与方式
22	强电	照明通电试运行	查阅资料
23		灯具固定装置及悬吊装置的荷载强度试验	查阅资料
24		绝缘电阻测试	查阅资料
25		剩余电流动作保护器测试	查阅资料
26		接地电阻测试	查阅资料
27	弱电	系统试运行	查阅资料
28		系统电源及接地检测	查阅资料

本标准用词说明

1 为了便于在执行本标准条文时区别对待,对要求严格程度不同的用词说明如下:

1) 表示很严格,非这样做不可的用词:
正面词采用"必须";
反面词采用"严禁"。

2) 表示严格,在正常情况下均应这样做的用词:
正面词采用"应";
反面词采用"不应"或"不得"。

3) 表示允许稍有选择,在条件许可时首先应这样做的用词:
正面词采用"宜";
反面词采用"不宜"。

4) 表示有选择,在一定条件下可以这样做的用词,采用"可"。

2 本文中指明应按其他有关标准制定的写法为:"应符合……的规定"或"应按……执行"。

引用标准名录

1 《建筑工程施工质量验收统一标准》GB 50300
2 《建筑工程施工质量评价标准》GBT 50375
3 《建筑地基基础工程施工质量验收规范》GB 50202
4 《混凝土结构工程施工质量验收规范》GB 50204
5 《屋面工程质量验收规范》GB 50207
6 《地下防水工程质量验收规范》GB 50208
7 《建筑地面工程施工质量验收规范》GB 50209
8 《建筑装饰装修工程质量验收规范》GB 50210
9 《建筑给水排水及采暖工程施工质量验收规范》GB 50242
10 《通风与空调工程施工质量验收规范》GB 50243
11 《建筑电气工程施工质量验收规范》GB 50303
12 《电梯工程施工质量验收规范》GB 50310
13 《综合布线系统工程验收规范》GB 50312
14 《住宅设计规范》GB 50096
15 《住宅建筑规范》GB 50368
16 《屋面工程技术规范》GB 50345
17 《建筑地基基础设计规范》GB 50007
18 《地下工程防水技术规范》GB 50108
19 《混凝土结构设计规范》GB 50010
20 《建筑抗震设计规范》GB 50011
21 《建筑桩基技术规范》JGJ 94
22 《建筑地基处理技术规范》JGJ 79
23 《装配式混凝土结构技术规程》JGJ 1
24 《钢筋套筒灌浆连接应用技术规程》JGJ 355

25 《组合结构设计规范》JGJ 138
26 《高层建筑混凝土结构技术规程》JGJ 3
27 《预应力混凝土结构抗震设计规程》JGJ 140
28 《住宅设计标准》DGJ 08—20
29 《居住建筑节能设计标准》DGJ 08—205
30 《装配整体式混凝土居住建筑设计规程》DG/TJ 08—2071
31 《装配整体式混凝土公共建筑设计规程》DG/TJ 08—2154
32 《装配整体式混凝土结构施工及质量验收规范》DG/TJ 08—2117

上海市工程建设规范

住宅工程质量潜在缺陷风险管理标准

DG/TJ 08—2346—2020
J 15645—2021

条文说明

2021　上海

目　次

1 总　则 …………………………………………………… 47
2 术　语 …………………………………………………… 48
3 基本规定 ………………………………………………… 49
　3.1 工程质量潜在缺陷保险范围及期限 ………………… 49
　3.2 风险管理机构工作范围 ……………………………… 49
　3.3 风险管理机构工作要求和工作依据 ………………… 50
　3.4 风险管理机构职责及权利 …………………………… 50
　3.5 风险等级评价 ………………………………………… 51
4 风险管理工作内容及工作要求 ………………………… 53
　4.1 施工准备阶段 ………………………………………… 53
　4.2 施工过程阶段 ………………………………………… 54
5 风险管理工作方法及工作流程 ………………………… 56
　5.1 工作方法 ……………………………………………… 56
附录 E 风险管理机构功能试验检测项 ………………… 57

Contents

1 General provisions ··· 47
2 Terms ·· 48
3 Basic provisions ·· 49
　3.1 Scope and period of IDI ································ 49
　3.2 Objective and scope of TIS ··························· 49
　3.3 Basic requirements and working basis of TIS ············ 50
　3.4 Duties and rights of TIS ······························· 50
　3.5 Risk assessment ·· 51
4 Contents and requirements of risk management ············ 53
　4.1 Pre-construction stage ··································· 53
　4.2 Construction stage ·· 54
5 Risk management methodology and workflow ············ 56
　5.1 Working methods ··· 56
Appendix E　Items of functional testing by TIS ················ 57

1 总　则

1.0.1　依据《关于本市推进商品住宅和保障性住宅工程质量潜在缺陷保险的实施意见》以及《上海市住宅工程质量潜在缺陷保险实施细则》等文件精神，结合上海市 IDI 保险施行现状，本条文规定编制《住宅工程质量潜在缺陷风险管理标准》的目的是为了规范本市住宅工程质量潜在缺陷风险管理机构行为，指导住宅工程质量潜在缺陷风险管理工作，提升全市住宅工程整体质量水平。

1.0.2　依据《关于本市推进商品住宅和保障性住宅工程质量潜在缺陷保险的实施意见》以及《上海市住宅工程质量潜在缺陷保险实施细则》的要求，在全市保障性住宅及商品住宅中推行 IDI 保险制度。本标准的适用范围主要针对投保本市工程质量潜在缺陷保险的新开工住宅工程风险管理工作。投保时已在建、已竣工的住宅工程项目风险管理工作均可参照执行。

1.0.3　本标准主要规定了住宅工程质量潜在缺陷风险管理工作的内容、要求、流程、方法等。在风险管理具体实施过程中，除应符合本标准要求外，风险管理工作还应符合《建筑工程施工质量统一验收标准》GB 50300 等国家、行业、地方法律法规、规范和标准的规定。

2 术 语

本标准规定了工程质量潜在缺陷、工程质量潜在缺陷保险(IDI)、风险管理及风险管理机构(TIS)四个术语的定义。

以上术语的定义,一方面参考了《关于本市推进商品住宅和保障性住宅工程质量潜在缺陷保险的实施意见》、《上海市住宅工程质量潜在缺陷保险实施细则》以及《上海市建设工程质量风险管理机构管理办法》中的规定,也参考了国际上关于 IDI、TIS 的通用定义,同时结合 IDI 保险、TIS 风险管理工作在上海开展的实践情况编写。

3 基本规定

3.1 工程质量潜在缺陷保险范围及期限

3.1.1 根据《关于本市推进商品住宅和保障性住宅工程质量潜在缺陷保险的实施意见》,上海IDI保险制度的基本承保范围主要是针对地基基础、主体结构以及防水保温工程。其中地基基础和主体结构的保险期限为十年,防水保温工程的保险期限为五年。

3.1.2 根据《关于本市推进商品住宅和保障性住宅工程质量潜在缺陷保险的实施意见》,除基本险外,保险公司可对装修工程,电气管线、给排水管道、设备安装以及供热、供冷系统系统工程以附加险方式,为建设单位提供保险服务。保险期限为两年。

3.1.3 根据《关于本市推进商品住宅和保障性住宅工程质量潜在缺陷保险的实施意见》,住宅工程质量潜在缺陷保险的保险期限从该工程质量潜在缺陷保险承保的建筑竣工备案两年后开始计算。建设工程在竣工备案后两年内出现质量缺陷的,由施工承包单位负责维修。

3.2 风险管理机构工作范围

3.2.1 风险管理机构与保险公司签订风险管理合同,其工作范围与工程质量潜在缺陷保险保单范围相一致,对保单范围内的工程质量实施检查、评估工作。

3.3 风险管理机构工作要求和工作依据

3.3.1 为保证风险管理机构相对独立、客观地开展风险管理工作,本条文规定风险管理机构不得与该工程参建单位存有关联关系,不得直接或间接参与该工程的勘察、设计、施工、监理、材料供应等服务。

3.3.2 为了便于风险管理机构在工程现场顺利开展和推进风险管理工作,本条文规定,实施风险管理前,保险公司应将风险管理机构名称、风险管理工作范围、工作内容以及风险管理项目负责人姓名等,书面通知本市已投保质量潜在缺陷保险的项目的建设单位,便于风险管理机构与现场参建单位建立沟通渠道。

3.3.4 本条文从风险管理机构工作实际出发,规定其开展风险管理工作的依据主要为国家、地方、行业的建筑工程法律法规、技术标准和规范及本市已投保质量潜在缺陷保险的项目技术文件等。

3.4 风险管理机构职责及权利

3.4.2 风险管理机构非五方责任主体之一,与工程各参建单位也不存在合同关系。为保证风险管理工作的顺利开展,本条文规定了风险管理机构在经过保险公司授权后,根据自身工作需要,可在不提前告知工程参建方的情况下进入施工现场。同时,也有查阅勘察设计、施工、监理等与工程质量有关的文件的权利。但风险管理机构的工作不应对施工进度、施工过程形成直接干扰。

3.4.3 本条文规定了风险管理机构在施工现场检查时,对已知质量缺陷的处理措施以及对整改情况进行跟踪和记录的要求。

3.4.6 基于风险管理机构工作开展需要,本条文规定了风险管理团队的组成,包括风险管理机构技术负责人、项目负责人、风险管理专家以及风险管理工程师。

3.4.7 本条文说明的审批风险分析报告包括：初步风险分析报告、设计质量风险分析报告、阶段质量风险检查报告、质量风险最终检查报告及质量风险回访检查报告。

3.4.8 本条文说明的审核风险分析报告包括：初步风险分析报告、设计质量风险分析报告、阶段质量风险检查报告、质量风险最终检查报告及质量风险回访检查报告。

3.4.9 本条文说明的编制风险分析报告包括：初步风险分析报告、设计质量风险分析报告、阶段质量风险检查报告、质量风险最终检查报告及质量风险回访检查报告。

3.5 风险等级评价

3.5.1 本条文规定了风险管理机构确定风险事件风险等级时的原则和要点。规定单一风险，风险管理机构可根据是否违反工程质量相关法律法规或工程建设标准判断其风险等级。而对于防水、保温、主体结构等阶段风险评估，应结合发生概率和出险造成的损失进行风险评价。

3.5.2 基于风险事件发生的概率等级和可能造成的出险损失，本条文规定了风险事件的等级评估矩阵。按照风险严重程度，分为正常技术风险、轻微技术风险、中等技术风险、严重技术风险及技术风险保留五类。

3.5.3 参照住建部 2018 年颁布的《大型工程技术风险控制要点》，本条文规定了风险事件发生的概率等级。发生概率小于 0.1% 的，定义为不太可能；发生概率在 0.1%～1% 之间的，定义为偶尔；发生概率在 1%～10% 之间的，定义为可能；发生概率在 10% 以上的，定义为非常可能。

3.5.4 基于保险公司前期调研、沟通结果，本条文规定了风险事件可能引发的出险损失等级标准，损失额小于 10 万元的，定义为轻微损失；损失额在 10 万元～100 万元之间的，定义为一般损失；

损失额在100万元～500万元之间的,定义为中等损失;损失额在500万元以上的,定义为严重损失。

3.5.5 本条文规定了不同等级风险的接受准则,其中严重风险完全不可接受,应立即整改、排除风险;中等风险不可接受,应立即采取整改、控制措施;轻微风险允许在一定条件下发生,但也应引起注意,建议整改,并对其进行监控并避免风险升级;正常风险可接受,但应尽量保持当前的风险水平和状态;技术保留则待进一步验证。

4 风险管理工作内容及工作要求

4.1 施工准备阶段

4.1.1 本条文规定了风险管理机构在施工准备阶段需要完成的主要工作,包括初步风险评估、设计风险评估、质量风险管理交底、编制质量风险管理工作计划等。

4.1.4 为便于保险公司初步判断拟承保项目的质量风险状况,风险管理机构需结合收集到的工程建设资料以及现场检查结果,对本市已投保质量潜在缺陷保险的项目已暴露的质量风险以及未来可能发生的质量风险进行警示和评估,出具初步风险分析报告。初步风险分析报告由风险管理工程师组织汇总编制,风险管理专家参与,经风险管理项目负责人审核,风险管理机构技术负责人审批通过后,提交至保险公司。初步风险分析报告是保险公司决定是否承保的重要依据文件,同时,结合保险公司承保时关注的要素,规定了初步风险分析报告需要涵盖的主要内容。

4.1.5 对于开工前或开工时风险管理机构即介入开展风险管理工作的本市已投保质量潜在缺陷保险的项目,为从源头上更好地把控项目的质量风险,风险管理机构应依据现行国家及地方规范,以及建设单位自行提供的技术标准,对勘察设计文件和施工方案进行审核,提出合理的设计风险评估意见,设计质量风险分析报告应由相关设计专业风险管理工程师编制,风险管理项目负责人审核,风险管理机构技术负责人审批。

4.1.6 风险管理工作计划是在风险管理项目负责人主持下编制,经风险管理机构技术负责人批准,用于确保项目风险管理工作全面开展的指导性文件。

4.1.7 为便于风险管理机构工作的开展,由保险公司组织风险管理机构、工程项目建设单位和其他参建单位召开风险管理交底会。

4.2 施工过程阶段

4.2.1 本条文规定了风险管理机构在施工过程阶段需要完成的主要工作,根据项目风险管理工作计划开展风险管理工作,对现场检查发现的质量缺陷出具风险问题清单,并做好对质量缺陷的跟踪和记录工作。同时,需要根据现场的检查情况,出具风险检查报告。

4.2.2 根据上海 IDI 保险实施情况以及保险公司要求,本条文规定了风险管理机构现场检查的频次不低于平均每月 2 次,对于高风险的专项工程,应有针对性地安排专项检查,增加检查频次。

4.2.3 风险管理机构作为非驻场第三方机构,在服务过程中,重点检查的是关键工序、关键节点和关键部位。结合保险范围,本条文规定了风险管理机构现场检查时的内容,包括地基基础工程和主体结构工程、屋面防水工程、有防水要求的卫生间、房间和外墙面、门窗的防渗漏,围护结构的保温工程以及电气管道、给排水管道、设备安装、供热与供冷系统等。

4.2.4 为提高风险管控效果,对于可能产生稳定性风险的地基与基础、采用无梁楼盖形式的地下室、装配式建筑专项工程、外墙外保温系统、裂缝、渗漏等高风险部位和专项工程,风险管理机构应安排专项检查,并在报告中予以描述。

4.2.5 为提高质量缺陷整改效率,本条文规定风险管理机构检查结束后,应由风险管理工程师汇总整理质量缺陷清单,经风险管理项目负责人批准后,提交保险公司和其指定单位,并对质量缺陷整改情况进行跟踪。

4.2.6 本条文规定了风险管理机构对质量缺陷整改进行跟踪的具体要求,以及发生争议时的解决办法。

4.2.7 本条文规定了质量风险检查报告的编制要求以及报告中须涵盖的主要内容。质量风险检查报告由风险管理工程师组织汇总编制,风险管理专家参与,经风险管理项目负责人审核,风险管理机构技术负责人审批通过后,提交至保险公司及其指定单位。

4.2.8 在施工过程中,除了质量风险检查报告外,风险管理机构应根据施工进度,出具阶段质量风险检查报告。阶段质量风险检查报告由风险管理工程师组织汇总编制,风险管理专家参与,经风险管理项目负责人审核,风险管理机构技术负责人审批通过后,提交至保险公司及其指定单位。

5 风险管理工作方法及工作流程

5.1 工作方法

5.1.1 风险管理机构为非驻场机构,本条文明确了风险管理机构在施工现场的检查以抽查为主,并规定了常规现场工序检查、实体质量检查、资料检查以及功能试验的检查内容。资料检查内容包括:重要原材料的供应商资质、重要原材料的检测报告、工程设计变更文件、重要专项施工方案等。

附录 E 风险管理机构功能试验检测项

屋面工程检查渗漏可通过雨后或持续淋水 2 h 进行。有可能进行蓄水试验的屋面,蓄水时间不得少于 24 h。